Inhalt

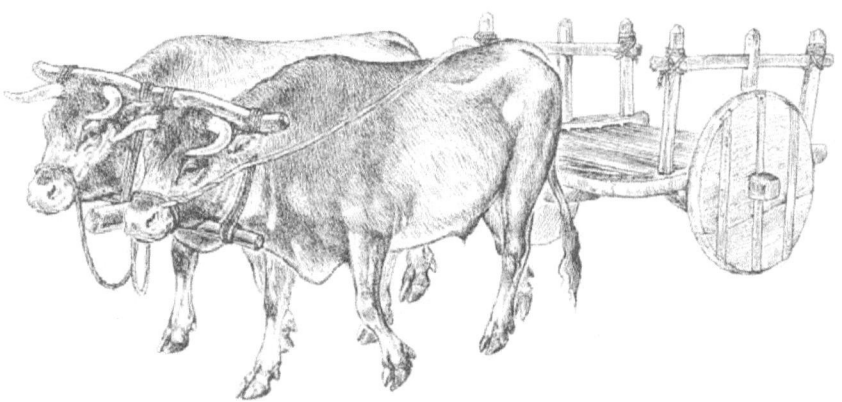

Zweirädiger Wagen mit zwei als Zugtiere
vorgespannten Rindern
aus der Zeit der Schnurkeramischen Kulturen.
Reste derartiger Gefährte
sind aus Seeufersiedlungen in der Schweiz
gefunden wurden.
Zeichnung: Fritz Wendler (1941–1995)

Impressum:
1. Auflage als Print-Buch / September 2015
Autor: Ernst Probst, Im See 11, 55246 Mainz-Kostheim
Telefon: 06134/21152, E-Mail: ernst.probst (at) gmx.de
Herstellung: Amazon Distribution GmbH, Leipzig
ISBN: 978-1517309701

Vorwort

Die
Schnurkeramischen Kulturen

Kulturen der Jungsteinzeit, die von etwa 2800 bis 2400 v. Chr. in weiten Teilen Mitteleuropas und darüber hinaus existierten, stehen im Mittelpunkt des kleinen Taschenbuches »Die Schnurkeramischen Kulturen«. Ihr Verbreitungsgebiet reichte vom Elsaß im Westen bis zur Ukraine im Osten und von der Westschweiz im Süden bis nach Südnorwegen im Norden. Der Name Schnurkeramische Kulturen bezieht sich auf die häufig mit Schnurabdrücken verzierten Tongefäße jener Kulturen. Weil für diese Kulturen auch tönerne Becher und Streitäxte typisch sind, bezeichnet man sie außerdem als Becher-Kulturen oder Streitaxt-Kulturen. Geschildert werden die Anatomie und Krankheiten der schnurkeramischen Ackerbauern und Viehzüchter, ihre Siedlungen, Kleidung, ihr Schmuck, ihre Keramik, Werkzeuge, Waffen, Haustiere, Jagdtiere, ihr Handel und ihre Religion. Verfasser dieses Taschenbuches ist der Wiesbadener Wissenschaftsautor Ernst Probst. Der Text des Taschenbuches »Die Schnurkeramischen Kulturen« in alter deutscher Rechtschreibung und die Abbildungen stammen aus dem 1991 erschienenen Buch »Deutschland in der Steinzeit«.

Berliner Prähistoriker Alfred Götze (1865–1948),
Foto: Landesmuseum für Vorgeschichte Halle/Saale

Vermeintliche Indogermanen

Die Schnurkeramischen Kulturen

Von etwa 2800 bis 2400 v. Chr. traten in weiten Teilen Mittele-
uropas und darüber hinaus die Schnurkeramischen Kulturen auf.
Ihr Verbreitungsgebiet reichte vom Elsaß im Westen bis zur
Ukraine im Osten und von der Westschweiz im Süden bis nach
Südnorwegen im Norden. Da für diese Kulturen der Besitz von
tönernen Bechern und Streitäxten kennzeichnend ist, spricht man
auch von Becher-Kulturen[1] oder Streitaxt-Kulturen[2].
Der Begriff Schnurkeramische Kulturen geht auf den Berliner
Prähistoriker Alfred Götze (1865–1948) zurück, der 1891 als
erster von Schnurverzierter Keramik und Schnurkeramik sprach.
Dieser Name bezieht sich darauf, daß die Tongefäße jener Kulturen häufig durch die Abdrücke von Schnüren verziert sind.
Manche Zweige der Schnurkeramischen Kulturen hat man nach
anderen Merkmalen benannt.[3]
In Westdeutschland existierten diese Kulturen in fast allen Gebieten. In Norddeutschland bildete die Einzelgrab-Kultur den
nordöstlichsten Zweig der Schnurkeramischen Kulturen. Und in
Ostdeutschland behaupteten sich die Schnurkeramischen Kulturen in Sachsen, Sachsen-Anhalt, Thüringen, Brandenburg und

Foto auf Seite 7:

Verzierter schnurkeramischer Becher
von Wiesbaden (Waldstück»Hebenkies«) in Hessen.
Gesamthöhe etwa 21,5 Zentimeter.
Das Tongefäß wurde 1817 bei der Grabung
des preußischen Gesandtschaftssekretärs in Kopenhagen,
Wilhelm Dorow (1790–1846),
während eines Kuraufenthaltes entdeckt.
Original im Museum Wiesbaden.
Foto: Sascha Kopp, Wiesbaden

Mecklenburg neben der dort teilweise gleichzeitig auftretenden
Kugelamphoren-Kultur (etwa 3100 bis 2700 v. Chr.).
Im nördlichen Verbreitungsgebiet der Schnurkeramischen Kul-
turen blieben die Eichenmischwälder zu einem großen Teil erhal-
ten, während im Süden Buchen-, Buchen-Tannen- und teilweise
Fichtenwälder wuchsen. In schnurkeramischen Gräbern Ost-
deutschlands wurden Überreste von Braunbären, Rothirschen,
Wildschweinen. Wildkatzen, Füchsen, Dachsen, Iltissen und
Fischottern gefunden.
Während ein in Landersdorf[4] bei Thalmässing (Kreis Roth) in
Mittelfranken entdecktes männliches Skelett 1,70 Meter aufwies,
errechnete man für die in dem Gräberfeld von Schafstädt (Kreis
Merseburg) bestatteten Männer eine Durchschnittsgröße von
1,62 Meter und für die Frauen von 1,54 Meter, was den Maßen
der vorher dort lebenden Menschen entspricht. In Südwestdeutschland wurden die Männer dagegen wesentlich größer als
bisher. Mit dem Auftreten der Schnurkeramiker änderte sich das
Aussehen der Menschen in der Jungsteinzeit erheblich. Die stär-
ker ausgeprägten großen Langschädel und schmalen Gesichter
wiesen deutlich gröbere Gesichtszüge auf. Sie glichen darin wieder
mehr den Menschen, die in der Mittelsteinzeit und in der frühes-
ten Jungsteinzeit im gleichen Siedlungsraum lebten.
Die Herkunft der Schnurkeramiker in Mitteleuropa war lange
umstritten. Früher hielt man sie für aus dem Osten eingewander-
te Steppennomaden, die in die Gebiete der Trichterbecher-Kultur (etwa 4300 bis 3000 v. Chr.) und anderer gleichzeitiger Kulturen eingedrungen waren. Die Annahme, es handle sich um

nichtseßhafte Viehzüchter, begründete man mit den auffällig seltenen Siedlungsspuren, dem Übergewicht an Grabfunden. dem angeblichen Fehlen von Hinweisen auf Ackerbau und Viehhaltung. Nach dem neuesten Forschungsstand geht man jedoch davon aus, daß sich die Schnurkeramischen Kulturen unter Aufnahme neuer kultureller Strömungen aus der Trichterbecher-Kultur entwickelten und daß auch die Schnurkeramiker Bauern waren. Zeitweise hatte man in ihnen wegen ihrer weit nach Osten reichenden Verbreitung sogar die ersten bekannten Indogermanen gesehen.[5] In Wirklichkeit waren sie jedoch keine einheitliche Erscheinung, weshalb von einem Volk mit gleicher Sprache keine Rede sein kann. Von den Schnurkeramikern hat man vor allem in Mitteldeutschland zahlreiche Skelettreste entdeckt. Die anthropologische Untersuchung dieser Funde ergab, daß die damals lebenden Menschen unter mancherlei Krankheiten litten. Aus Reichardtswerben (Kreis Weißenfels) in Sachsen-Anhalt konnte man stark abgeschliffene Zähne und Zahnstein nachweisen. Dies zeugt von übermäßiger Beanspruchung der Zähne durch harte Nahrung sowie von mangelhafter Mundpflege. Bei männlichen Schnurkeramikern aus Thüringen waren 7,2 Prozent der Zähne von Karies befallen. bei weiblichen Personen dagegen nur 1,4, Prozent. Am erwähnten Fundort Schafstädt in Sachsen-Anhalt wies man Spuren entzündlicher Vorgänge in der Umgebung der Zahn-wurzelspitzen sowie entsprechende Hohlraumbildungen und Fisteleröffnungen nach. Ein Fund von Dornburg (Kreis Jena) in Thüringen deutet darauf hin, daß man kranke Zähne gezogen hat.

Ein in Hausneindorf (Kreis Aschersleben) in Sachsen-Anhalt
bestatteter älterer Schnurkeramiker litt in seinen späten Lebens-
jahren unter Schäden der Wirbelsäule. An der Fundstelle Erfurt-
Günterstraße hatte man unter anderem einen alten Mann zur letzten Ruhe gebettet, dessen rechtes Hüftgelenk nicht mehr beweglich
war, weil der Gelenkkopf des Oberschenkels und die Gelenk-
pfanne des Hüftbeins von Arthritis deformans, der sogenannten
Altersgicht, betroffen waren. Von Erfurt-Nord kennt man einen
infolge von Rachitis stark gekrümmten Oberschenkelknochen.
Spuren von Rachitis beobachtete man auch bei anderen
Schnurkeramikern. Aus Schafstädt und Schwerborn (Kreis Erfurt) sind Fälle von Spondylose (eine Wirbelerkrankung) belegt.
An manchen Skeletten von Schnurkeramikern stellte man ver-
heilte Brüche fest. Besonders interessant ist in diesem Zusam-
menhang der auf beiden Seiten gebrochene Unterkiefer einer Frau
aus Braunsberg (Kreis Neuruppin) in Brandenburg. Der ohne
Komplikationen wieder zusammengewachsen war.
Normalerweise erfordert ein Kieferbruch eine sorgfältige Be-
handlung. Gut verheilt sind auch der Ellenbruch eines Schnurkeramikers aus Udestedt (Kreis Erfurt) sowie der Oberschenkel-
bruch eines anderen Menschen in Auleben (Kreis Nordhausen)
in Thüringen. Vermutlich hat man in dem einen Fall den kranken
Arm und in dem anderen das betroffene Bein geschient.
Die hohe Kunst der schnurkeramischen Medizinmänner spiegelt
sich vor allem in den Schädeloperationen (Trepanationen) wi-
der. Bisher kennt man allein aus Mitteldeutschland mehr als 15
solcher Eingriffe, die ausschließlich an Männern vorgenommen

wurden. Heilungsspuren an den Knochen rund um die Trepanationsöffnung zeigen, daß die meisten Operierten die Prozedur längere Zeit überlebten. Bei je einem Fall in Pritschöna (Kreis Merseburg) und in Wechmar (Kreis Gotha) sind sogar zwei hintereinander heil überstandene Trepanationen nachgewiesen. Zu solchen langwierigen, zumeist in Schabetechnik ausgeführten Operationen entschloß man sich vermutlich nur bei schweren Leiden und starken Schmerzen der Betroffenen. Im Falle der Wechmarer Trepanation dürfte ein Abszeß oder Tumor am Hirnschädel das Motiv für den Eingriff gewesen sein. Die Untersuchung eines trepanierten Schädels aus Wiedebach (Kreis Weißenfels) ergab, daß in diesem Fall die Operation mindestens 20 Jahre vor dem Tode ausgeführt wurde.

Über die Siedlungen der Schnurkeramiker weiß man bisher wenig. Die auffällig geringe Zahl an bekannten Siedlungen ist vielleicht durch eine Bauweise bedingt, die kaum Spuren im Boden hinterließ. In Mitteldeutschland haben die Schnurkeramiker auch in Ödgebieten und an Gebirgsrändern gewohnt. Diese Ausweitung des Siedlungsgebietes auf Regionen mit schlechten Ackerböden deutet auf eine Zunahme der Bevölkerung und vermehrte Viehzucht hin.

Zu den wenigen Siedlungsspuren der Schnurkeramiker zählen beispielsweise Pfostenverfärbungen bei Bottendorf (Kreis Artern) und Siedlungsgruben im Luckauer Forst (Kreis Altenburg), beide in Thüringen. Die Verstorbenen wurden in sogenannten Totenhütten beigesetzt. Solche Hütten waren möglicherweise

Berittener schnurkeramischer Krieger
mit Streitaxt in der linken Hand
und Feuersteindolch im Gürtel. Derartige Reiterkrieger
und Steinaxtleute wurden früher irrtümlich
mit den Indogermanen gleichgesetzt.
Zeichnung: Fritz Wendler (1941–1995)

ähnlich konstruiert wie die Behausungen der Lebenden und liefern damit einen Anhaltspunkt für das Aussehen der Häuser.

Schnurkeramische Siedlungsreste am Fundort Hornstaad-Schlößle[5] (Kreis Konstanz) auf der Halbinsel Höri am Bodensee in Baden-Württemberg und in der Schweiz belegen, daß die Schnurkeramiker auch Seeufersiedlungen errichteten. Befestigte Siedlungen auf Höhen sind bisher nicht bekannt. Die in wildreichen Gebieten lebenden Schnurkeramiker dürften gelegentlich mit Pfeil und Bogen auf die Jagd gegangen sein. In einer Siedlungsgrube von Speyer in Rheinland-Pfalz wurden Jagdbeutereste vom Rothirsch, Reh und Wildschwein gefunden. Reste von Getreide und Hülsenfrüchten, Abdrücke von Getreidekörnern an Tongefäßen sowie Hakenpflugspuren unter schnurkeramischen Grabhügeln in Holland, Norddeutschland und Dänemark zeugen vom Ackerbau. Ausgesät und geerntet wurden vor allem Emmer und Gerste, daneben aber auch Einkorn, Zwergweizen, Rispenhirse und Linse.

Knochenreste aus schnurkeramischen Siedlungen beweisen, daß deren Bewohner neben Rindern, Schweinen, Schafen, Ziegen und Hunden auch Pferde als Haustiere hielten. Hunde erfreuten sich offenbar besonderer Wertschätzung, wie die häufige Verwendung ihrer Eckzähne für Schmuckketten zeigt.

An manchen Fundorten der Schnurkeramischen Kulturen wurden eindrucksvolle Belege für Tauschgeschäfte und weitreichende Fernverbindungen entdeckt. So stieß man in einem Grabhügel von Horbach (Main-Kinzig-Kreis) in Hessen auf eine Dolchklinge aus Grand-Pressigny-Feuerstein, dessen Griff aus organischem Material nicht mehr erhalten ist. Diese wegen ihrer außerordentlichen Qualität geschätzte goldgelbe Feuersteinart wurde in Grand Pressigny im französischen Departement Indre-et-Loire abgebaut und war vor allem in Gebieten begehrt, in denen es keine heimischen Feuersteinkommen gab.

Große Wertschätzung als Tauschobjekt genoß damals Bernstein von der Ostseeküste. Aus diesem Material hat man verschieden geformte Anhänger geschaffen. Eines der Vorkommen befand sich im Weichseldelta. Dort wurden im Sommer auf trockengefallenen Sandbänken zwischen den Wiesen der Flußmarschen große Mengen Bernstein aufgesammelt.

Die Schnurkeramiker setzten für den Transport von schweren oder sperrigen Lasten zuweilen von Rindern gezogene Wagen ein. Ableiten läßt sich dies aus den Funden von drei hölzernen Rädern aus der schweizerischen Siedlung Zürich-Dufourstraße und eines hölzernen Scheibenrades aus der Eese in der holländischen Provinz Overijssel. Von Schnurkeramikern sind vermutlich die durch morastige Gegenden führenden Holzbohlenwege in der holländischen Provinz Drenthe angelegt worden. Es liegt nahe, daß auch die Schnurkeramiker in Deutschland Wägen und Wege bauten. Bei den an Seeufern legenden Siedlungen ist die Verwendung von Einbäumen als Wasserfahrzeuge denkbar.

Nach den Funden in den Gräbern zu schließen. hatten die Angehörigen der Schnurkeramischen Kulturen eine große Vorliebe für Schmuck. In Frauengräbern barg man häufig Halsketten mit durchbohrten Tierzähnen, die meist von Hunden stammten. Manchmal verwendete man sogar Tierzahnimitationen aus anderem Material für Ketten. An den Ketten hingen mitunter bis zu 100 Tierzähne. In Wolkshausen (Kreis Würzburg) fand man etwa 130 durchbohrte Tierzähne, die anscheinend auf die Kopfzier einer Frau aufgenäht waren. Um den Leib gelegte Gürtel verschloß man mit aus Knochen geschnitzten Platten. Ein derartiger Kleidungsbestandteil kam in einem schnurkeramischen Männergrab von Edertal-Bergheim (Kreis Waldeck-Frankenberg) in Hessen zum Vorschein. In anderen Männergräbern entdeckte man – wenngleich viel seltener – aus Eberzähnen und Bernstein geschaffene Schmuckstücke. Außerdem gab es Knochennadeln, Muschelschmuck, Rötel zum Schminken und Kupferschmuck.

Allein in Mitteldeutschland wurden in etwa 50 Gräbern kupferne Schmuckstücke gefunden: nämlich Blechröhrchen, Spiralröllchen, Spiralringe, Armringe, Kopfbänder, Fingerringe und Perlen. Manchmal zeugen nur Patinaspuren an Skelettresten von vergangenen Kupferschmuckstücken. Ähnliche Funde kennt man auch aus Westdeutschland. So wurden beispielsweise in Kelsterbach bei Frankfurt am Main in Hessen drei Armspiralen, vier Fingerspiralen und 106 Tropfenperlen aus Kupfer entdeckt.

Zu welch großen künstlerischen Leistungen die Schnurkeramiker fähig waren, zeigt die Ausschmückung der Steinkammergräber im Ortsteil Göhlitzsch von Leuna (Kreis Merseburg) und in der Dölauer Heide bei Halle/Saale in Sachsen-Anhalt. Das Steinkammergrab von Göhlitzsch wurde bereits 1750 entdeckt. Alle sechs Wandplatten des 2,19 Meter langen, 1,25 Meter breiten, 1,25 Meter hohen, mit drei Blöcken abgedeckten Grabes wur-

Blick in das Innere des verzierten Steinkammergrabes
von der Bischofswiese in der Dölauer Heide
bei Halle/Saale in Sachsen-Anhalt.
Länge der Grabkammer innen 3,20 Meter,
Breite 1,30 Meter, Höhe 1 Meter.
Original im Landesmuseum für Vorgeschichte Halle/Saale.
Foto: Landesmuseum für Vorgeschichte Halle/Saale

den auf der Innenseite durch eingravierte sowie aufgemalte Muster und Darstellungen verschönert. Die Muster ahmen vielleicht Wandbehänge nach, die es damals womöglich schon in manchen Häusern gab. Diese Vermutung äußerte jedenfalls bereits der Prähistoriker Hans Hahne[7] (1875–1935) aus Halle/Saale. Sämtliche Wandplatten des Göhlitzscher Steinkammergrabes wurden oben durch einen Zackenfries begrenzt. Auf der bekanntesten Platte fand sich darunter eine waagrechte Linie, die beidseitig von kleinen Zacken gesäumt war. Darunter folgte die Darstellung eines querliegenden Bogens. An dieses Waffenmotiv schloß sich ein Teppichmuster aus vier Feldern mit Zickzacklinien an. Zwischen den Feldern sind jeweils zwei senkrechte Linien mit kurzen waagrechten oder schrägen Strichen angebracht. Links neben Zackenfries, Bogen und Teppichmuster ist ein mit sechs Pfeilen gefüllter Köcher zu erkennen.

Auch auf anderen Göhlitzscher Wandplatten sind neben Zackenfriesen und Tannenzweigmustern bemerkenswerte Darstellungen hinterlassen worden. So ist im unteren Drittel eines dieser Wandsteine eine querliegende geschäftete Axt abgebildet, deren Klinge zum Boden weist.

Das verzierte Steinkammergrab auf dem kleinen Hochplateau namens Bischofswiese in der Dölauer Heide wurde bei Ausgrabungen des früher in Halle/Saale tätigen Prähistorikers Hermann Behrens in den Jahren 1953 und 1955 erforscht.[8] Dieses Grab bestand aus 13 Wandsteinen und wurde mit sechs länglichen Platten abgedeckt. Die Grabkammer war innen 3,20x1,20 Meter groß und einen Meter hoch. Von den Wandsteinen sind sieben

*Wandplatte aus dem Steinkammergrab von Leuna-
Göhlitzsch (Kreis Merseburg) in Sachsen-Anhalt
mit Darstellung von Pfeilen im Köcher (links),
einem querliegenden Bogen (rechts)
und darunter einem Teppichmuster aus vier Feldern
und Zickzacklinien.
Länge der Platte 1,94 Meter, Breite 95 Zentimeter,
Dicke 26 Zentimeter.
Original im Landesmuseum für Vorgeschichte Halle/Saale.
Foto: Landesmuseum für Vorgeschichte Halle/Saale*

auf der Innenseite mit eingravierten und zum Teil aufgemalten Mustern geschmückt. Als Verzierung dienten Wolfszahn-, Tannenzweig-, Zickzack-, Leiter- und alternierende Schrägstrichmuster. Auf einer der Wandplatten befindet sich am linken Rand eine 36 Zentimeter hohe und maximal 21,5 Zentimeter breite eiförmige Gestalt. die als stilisiertes Abbild der sogenannten »Dolmengöttin« gilt. Rechts neben dieser Gottheit wurde ein rätselhaftes haken- oder galgenförmiges Zeichen eingraviert, das aus einem senkrechten Balken mit nach links gewandtem kürzerem Querbalken besteht. Solche galgenförmigen Zeichen treten auf einem anderen Wandstein sogar viermal auf. Die Knochenreste aus dem Steinkammergrab in der Dölauer Heide stammen vermutlich nur von einem einzigen Menschen. Dieses mit so viel Aufwand und Geschick verzierte Grab dürfte ebenso wie das von Göhlitzsch für einen Häuptling bestimmt gewesen sein, den man vermutlich mit reichen Beigaben versah, damit es ihm im Jenseits an nichts mangeln sollte. Sein Reichtum hat offenbar Zeitgenossen nicht ruhen lassen. Ein nach der Bestattung in der nordöstlichen oberen Grabkammerecke geschlagenes Loch verrät, daß der Tote seiner Beigaben (Waffen, Schmuck) beraubt wurde.

Angehörige einer derart kunstsinnigen Kultur dürften wohl auch Musik und Tanz geschätzt haben. Dafür konnten jedoch bisher noch keine archäologischen Hinweise erbracht werden. Nur als Kuriosum sei erwähnt, daß die Darstellung des mit sechs Pfeilen gefüllten Köchers aus dem Göhlitzscher Steinkammergrab früher irrtümlich als sechssaitige Laute fehlgedeutet wurde.

Foto auf Seite 21:

Wandplatte aus dem Steinkammergrab
von der Bischofswiese in der Dölauer Heide
bei Halle/Saale in Sachsen-Anhalt
mit Darstellung der „Dolmengöttin"
und galgenförmigen Zeichen.
Original im Landesmuseum für Vorgeschichte Halle/Saale.
Foto: Landesmuseum für Vorgeschichte Halle/Saale

Unter den Tongefäßen der Schnurkeramischen Kulturen überwogen die Becher und Amphoren, die beide je einen Anteil von
schätzungsweise 40 Prozent hatten. Bei den Bechern handelte es
sich um hohe schlanke Gefäße von häufig erstaunlicher Größe,
die heutige Vorstellungen vom Becher weit übertrifft. Die Becher
besaßen einen ausgeprägten Standboden und waren meist auf
dem Gefäßoberteil verziert. Die rundbauchigen Amphoren tru-
gen Henkel am Bauch und Verzierungen auf der Gefäßschulter.
Weitere 10 Prozent entfielen auf Schalen ohne und mit Füßchen,
etwa 5 Prozent auf Henkelkannen und -tassen und die restlichen
5 Prozent auf Näpfe, Deckeldosen und ovale Wannen.
Die schnurkeramischen Töpfer haben die Außenwand der meisten Tongefäße verziert, der Boden blieb in der Regel ohne Muster. Unter den Verzierungsmustern überwogen Ornamente, die
man mit Hilfe von geflochtenen Schnüren herstellte, die vor dem
Brand im Töpferofen in den weichen Ton eingedrückt wurden.
Auf diese Schnurabdrücke geht – wie erwähnt – der Name dieser Kultur zurück. Die Schnurmuster erzeugte man auf verschie-
dene Art und Weise. So wand man beispielsweise eine lange
Schnur spiralig um das Gefäß und drückte sie gleichmäßig ein.
Bei einer anderen Methode nahm man eine Schnur oder mehrere
nebeneinanderliegende Schnüre zwischen Daumen und Zeigefin-
ger beider Hände und hielt sie ringfömig um den Gefäßkörper. In
diesem Fall mußte eine zweite Person die Schnüre in den Ton
pressen. Bei solcherart verschönerten Gefäßen kann man bei
genauem Hinsehen   deutlich die Nahtstelle der
aneinanderstoßenden Schnurenden erkennen. Bei einer weiteren

Verzierungstechnik drückte man kurze Schnurstücke in den Ton und fügte sie zu Dreieck- oder Fransenmustern zusammen. Außer diesen Schnurverzierungen gab es aber auch einen Dekor, der mit spitzen, kantigen oder rundlichen Holzstäben eingeschnitten oder gestochen wurde. So hat man unter anderem Linien-, Zickzack-, Strichbündel-, Tannenzweig-, Sparren-, Dreieck-, Trapez-, Leiter- und Flechtbandmuster geschaffen. Generell war die Machart der schnurkeramischen Tongefäße im Gegensatz zur Keramik vorhergehender Kulturstufen relativ einfach.

Die Schnurkeramiker beherrschten meisterhaft die Herstellung von Werkzeugen und Waffen aus unterschiedlichen Steinarten. Aus Feuerstein schlugen sie neben Beilen, Meißeln und Klingen, die wohl als Werkzeuge dienten, auch formvollendete Waffen wie Dolche und Pfeilspitzen zurecht. Felsgestein diente als Rohstoff für durchlochte Keulenköpfe, Arbeits- und vor allem Streitäxte, die kunstgerecht zugeschliffen wurden.

Bei der Formgebung der Feuersteindolche und steinernen Streitäxte kopierte man das Erscheinungsbild kupferner Vorbilder. Für die Streitäxte der Schnurkeramiker sind die asymmetrische Schneide und die feinpolierte metallisch glänzende Oberfläche kennzeichnend. Bei den Streitäxten wurden sogar die Gußnähte der Kupferäxte nachgeahmt.

Deutlich seltener als Steingeräte hat man Werkzeuge und Waffen aus Tierknochen geschnitzt. Aus Knochen schuf man unter anderem Meißel, Pfrieme und Dolche. Das Rohmaterial hierfür stammte von geschlachteten Haustieren. Daneben besaßen die Schnurkeramiker aber auch Pfrieme und Dolche aus Kupfer. Die

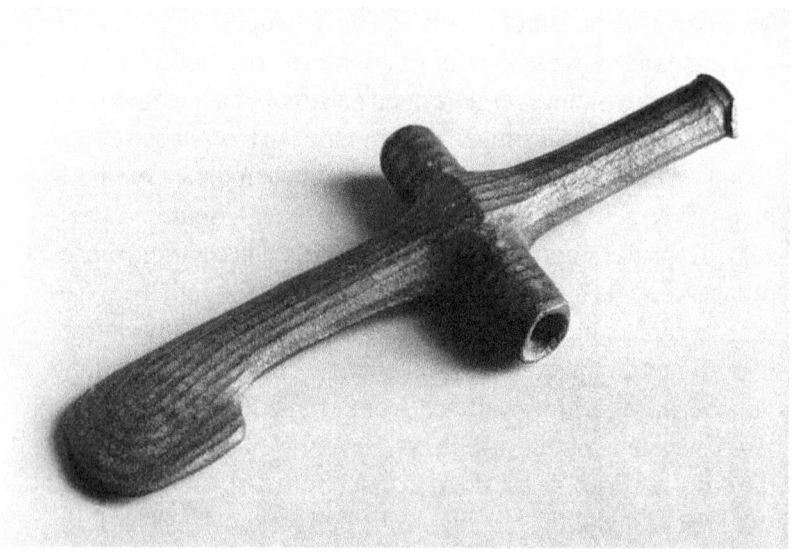

Verzierte kupferne Streitaxt
vermutlich aus der Zeit der Schnurkeramischen Kulturen
aus der Gegend von Mainz in Rheinland-Pfalz.
Länge 25,5 Zentimeter.
Original im Landesmuseum Mainz.
Foto: Landesmuseum Mainz

Dolche waren – nach ihrer Verwendbarkeit zu schließen – eher Prunk- als Gebrauchsgeräte. Es hat den Anschein, als habe das Metall bei den Schnurkeramikern eine besondere, prestigebehaftete Bedeutung besessen. Als eine Axtform dieser Kultur gilt der Typ Eschollbrücken. Darunter versteht man hammerartige Äxte, wie sie im Stadtteil Eschollbrücken von Pfungstadt (Kreis Darmstadt-Dieburg) in Hessen gefunden wurden.

Die Schnurkeramiker haben ihre Toten nur ganz selten verbrannt. Einzelbestattungen waren die Regel. Es gab aber auch Doppelbestattungen sowie zu Gruppen vereinte Gräber und sogar große Gräberfelder. Der Körper eines Verstorbenen wurde mit Vorliebe in westöstlicher Richtung zur letzten Ruhe gebettet. Die Beine waren zum Körper hin angezogen. Es handelte sich also um sogenannte »liegende Hocker«. Nordsüdliche Ausrichtung der Leichen bildete die Ausnahme. Das Gesicht der Toten wies überwiegend nach Süden. Männer lagen auf der rechten Körperseite mit dem Schädel im Westen, Frauen auf der linken Körperseite mit dem Kopf im Osten.

Manche Bestattungen auffällig vom Üblichen ab. So hatte man beispielsweise je einem Schnurkeramiker in Elstertrebnitz-Trautzschen (Kreis Borna) in Sachsen und auf dem Säringsberge bei Helmsdorf (Kreis Hettstedt) in Sachsen-Anhalt den Kiefer abgetrennt. Bei der Bestattung von Elstertrebnitz-Trautzschen waren Ober- und Unterkiefer zerbrochen und zwischen den vermutlich gefesselten Schenkeln eingeklemmt. Vielleicht handelte es sich bei diesen Sonderbestattungen um Außenseiter der Gesellschaft, deren Wiederkehr man verhindern wollte.

Die Gräber der Schnurkeramiker hatten unterschiedliche Formen. Man kennt vor allem Hügelgräber, die mitunter von Steinringen und Ringgräben umgeben waren, aber auch einfache flache Erdgräber, Gräber mit Holzeinbau (Totenhütten) oder Steinkammergräber. Auch die hölzernen Totenhütten für vornehme Krieger oder Häuptlinge überdeckte man mit Erdhügeln. Bei einzelnen Steinkammergräbern – beispielsweise dem erwähnten Grab von Göhlitzsch – ist unklar, ob sie von den Schnurkeramikern selbst erbaut wurden oder ob es sich um vorgefundene Anlagen handelt, die man für eigene Bestattungen benutzte. Als größtes schnurkeramisches Gräberfeld gilt der bereits erwähnte Fundort Schafstädt[9] in Sachsen-Anhalt. Dort konnte man rund 100 Gräber nachweisen. Besonders interessant ist ein Steinkammergrab, für das ein 94 Zentimeter langer Menhir als Baumaterial verwendet wurde. Auf der Vorderseite des Menhirs sind ein menschliches Gesicht, Arme, Hals- und Brustschmuck, ein Gürtel und ein kammartiger Gegenstand zwischen den Händen zu erkennen. Der Menhir wurde mit der Spitze, also mit dem Gesicht nach unten, in den Boden gesteckt und als Wandteil benutzt. Man hat also die Bilddarstellung darauf ignoriert.

Auf einigen Grabhügeln, deren Zugehörigkeit zu den Schnurkeramischen Kulturen umstritten sind, wurden menhirartige Stelen entdeckt. Dazu gehören Funde in Trebsdorf (Kreis Nebra), Leuna (Kreis Merseburg), Poserna (Kreis Hohenmölsen) und Halle-Heide (alle in Sachsen-Anhalt gelegen). In Halle-Heide stieß man im Boden vor einem großen verzierten Steinkammergrab auf zwei große Grabstelen, von denen eine 1,87 und die andere 1,73 Meter hoch ist.

In Süddeutschland ist das Gräberfeld im Stadtteil Dittigheim[10] von Tauberbischofsheim (Main-Tauber-Kreis) in Baden-Württemberg mit 33 Gräbern und insgesamt 63 Bestattungen der umfangreichste schnurkeramische Friedhof. Dort kamen auffällig viele Gemeinschaftsbestattungen vor. In drei Gräbern hatte man zwei Menschen beerdigt. in acht Gräbern fand man Dreierbestattungen und in zwei Gräbern sogar mehr als drei Tote. Einzelbestattungen waren ausschließlich Männern oder Kindern vorbehalten. Dagegen wurden Frauen in immer wieder benutzten Gräbern oder bei gleichzeitig erfolgten Gemeinschaftsbestattungen zur letzten Ruhe gebettet.

Ein etwas kleineres Gräberfeld hat man in Bergrheinfeld[11] (Kreis Schweinfurt) in Bayern entdeckt. Es ist mit mehr als 25 Gräbern der größte schnurkeramische Friedhof in diesem Bundesland.

Zur Standardausrüstung der bestatteten Schnurkeramiker gehörten ein Becher und eine Amphore, daneben fand man noch andere Tongefäße. Den Männern legte man Waffen aus Stein, aus Knochen und mitunter aus dem wertvollen Metall Kupfer ins Grab. Die Frauen stattete man reichlich mit Schmuck aus. Diese Grabbeigaben zeugen nicht nur von großer Wertschätzung der Verstorbenen, sondern auch vom Glauben an das Weiterleben im Jenseits. Gelegentlich mußten den Toten sogar Hunde als Begleiter ins Grab folgen, wie Funde aus Thüringen zeigen. Beispielsweise befanden sich in einem Steinkammergrab im Zeitzer Forst bei Nickelsdorf (Kreis Eisenberg) Reste von zwei

Hunden neben einem menschlichen Skelett und in Uthleben (Kreis
Nordhausen) Hundeknochen,neben den Beinen eines Toten.
Was und wie diese Menschen ihren Gottheiten opferten, weiß
man nicht. Vielleicht schreckten sie sogar vor Menschenopfern
nicht zurück. Als Hinweise in dieser Richtung gelten die erwähnten Dreifachbestattungen von Dittigheim. Bei den offenbar gleichzeitig beerdigten Menschen handelt es sich fast immer um eine
erwachsene Frau, die zusammen mit einem Kleinkind und einem
größeren Kind oder Jugendlichen bestattet wurde.

Anmerkungen

1] Der Begriff Becher-Kulturen wurde 1929 durch den Duisburger Museumsdirektor Rudolf Stampfuß (1904–1978) geprägt.

2] Der Name Streitaxt-Kulturen geht auf den damals in Uppsala wirkenden schwedischen Prähistoriker Nils Aberg (1888–1957) zurück, der 1915 in seinem Buch »De nordiska stridsyxornas typologi« auf Seite 51 den Ausdruck »stridsyxkulturen« verwendete.

3] Manche Zweige der Schnurkeramischen Kulturen hat man nach anderen Merkmalen benannt. So ist in Dänemark, Norddeutschland, im nördlichen Ostdeutschland und in Holland die erwähnte Bezeichnung Einzelgrab-Kultur üblich. In Holland wird diese wegen der dortigen Becherform als Standfußbecher-Kultur bezeichnet. Der Begriff Standfußbecher-Kultur wurde 1955 durch den damals in Groningen wirkenden holländischen Prähistoriker Willem Glasbergen (1923–1976) eingeführt. Er schrieb zusammen mit dem Prähistoriker Johannes Diderik van der Waals aus Groningen einen Aufsatz, in dem er die Standfußbecher und van der Waals die Glockenbecher behandelte. In Südskandinavien, Südfinnland, Estland und Lettland spricht man von der Bootaxt-Kultur. Der Begriff Bootaxt-Kultur geht auf Nils Aberg (s. Anm. 2) zurück, der 1915 in seinem Buch »De nordiska stridsyxornas typologi« auf Seite 54 den Namen »Boot-axe-

Period« verwendete. 1962 schlug der schwedische Prähistoriker Mats Malmer aus Stockholm statt dessen den Namen Schwedisch-norwegische Streitaxt-Kulturen (svensk-norska stridsyxkulturen) vor. Weitere Teile der Schnurkeramischen Kulturen sind die Mitteldnepr-Kultur, die Fatjanovo-Kultur und die Balanovo-Kultur, die in Teilen der Sowjetunion vorkamen. Der Name Mitteldnepr-Kultur wurde durch den russischen Prähistoriker Vasilij Alekseevic Gorodvoc (1860–1945) aus Moskau eingeführt. Der Ausdruck Fatjanovo-Kultur (auch Fat'janovo-Kultur) wurde 1881 durch den russischen Prähistoriker Aleksej Sergeevic Graf Uvarov (1825–1884) geprägt. Den Begriff Balanovo-Kultur hat 1963 der russische Prähistoriker Otto Nikolaevic Bader (1903–1979) aus Moskau eingeführt.

4] Die Bestattung von Landersdorf bei Thalmässung wurde 1986 durch den Archäologen Ulrich Pfauth aus Roth ausgegraben.

5] Der Begriff indogermanisch (Indo Germanic) wurde bereits 1810 von dem in Paris lebenden dänisch-französischen Geographen Conrad Malte-Brun (1775–1826) verwendet. Er basiert darauf, daß zwischen den Britischen Inseln im Westen bis nach Indien im Osten sowie von Italien im Süden bis nach Skandinavien im Norden zahlreiche Sprachen ähnliche Wörter enthalten. So heißt beispielsweise Vater lateinisch pater, gotisch fatar und altindisch pitär. Solche Gemeinsamkeiten versuchte man, durch eine ursprüngliche Grundsprache und deren spätere Verbreitung zu erklären. Man stellte auch die in indogermanischen Sprachen gemeinsam vorkommenden Wörter zu einer Grundsprache zusammen. Dazu gehörten Begriffe wie Dorf, Karren, Joch, Rad,

Gold, Erz (Kupfer), Dolch und Axt, die für die zeitliche Datierung der Grundsprache eine wichtige Rolle spielten. Demnach hätte die Ausbreitung der Grundsprache frühestens in einem jüngeren Abschnitt der Jungsteinzeit erfolgt sein können, in dem es all diese erwähnten Dinge gab. Die Schnurkeramiker wurden hauptsächlich deshalb als Indogermanen in Erwägung gezogen, weil ihr Gebiet sehr großräumig war und sich weit nach Osten ausdehnte. Außerdem schienen sie genau jene Errungenschaften zu besitzen, welche die sprachwissenschaftlich erschlossenen Indogermanen auszeichneten. In Wirklichkeit waren die Schnurkeramischen Kulturen keine einheitliche Erscheinung, weshalb von einem Volk mit gleicher Sprache keine Rede sein kann.

6] Die Seeufersiedlung Hornstaad-Schlößle I gehört den Schnurkeramischen Kulturen an, während Hornstaad-Schlößle II und III der Pfyner Kultur (etwa 3900 bis 3500 v. Chr.) zugerechnet werden.

7] Hans Hahne (1875–1935) war von 1912–1935 Direktor des Provinzial-Museums für Vorgeschichte in Halle/Saale, das 1921 in Landesanstalt für Vorgeschichte und 1934 in Landesanstalt für Volkheitskunde umbenannt wurde.

8] Auf das verzierte Steinkammergrab von der Bischofswiese in der Dölauer Heide wurde 1952 ein Lehrer aus Halle-Dölau aufmerksam, der in einem der dortigen Grabhügel eine Grabung vorgenommen hat.

9] Das Gräberfeld von Schafstädt wurde 1950–1955 und 1962 durch den Prähistoriker Waldemar Matthias aus Halle/Saale ausgegraben.

10] Das Gräberfeld von Dittigheim wurde 1983 ausgegraben.
11] Das Gräberfeld von Bergrheinfeld wurde 1982 bei Straßen-
bauarbeiten entdeckt.

Literatur

ABELS, Björn-Uwe: Ein Grab der Schnurkeramik aus Opferbaum, Ldkr. Schweinfurt. Archäologisches Korrespondenzblatt, S. 201–207, Mainz 1974.

ABERG, Nils: De nordiska stridsyxornas typologi, Stockholm 1915.

ABERG, Nils: Die Typologie der nordischen Streitäxte. Mannus-Bibliothek 17, Würzburg 1918

BACH, Herbert: Ein schnurkeramisches Skelett mit zweifacher Schädeltrepanation aus Wechmar. Kr. Gotha. Alt-Thüringen, S. 202–211, Weimar 1963.

BANTELMANN, Niels: Die Urgeschichte des Kreises Kusel. Veröffentlichungen der Pfälzischen Gesellschaft zur Förderung der Wissenschaften in Speyer, Speyer 1971.

BANTELMANN, Niels: Endneolithische Funde im rheinisch-westfälischen Raum. Offa-Bücher, Neumünster 1982.

BANTELMANN, Niels: Eine schnurkeramische Siedlungsgrube in Speyer. Offa, Festschrift für Albert Bantelmann zm 75. Geburtstag, S. 13–27, Neumünster 1986.

BEHM-BLANCKE, Günther: Die schnurkeramische Totenhütte Thüringens, ihre Beziehungen zum Grabbau verwandter Kulturen und zum neolithischen Wohnbau. Alt-Thüringen, S. 63–83, Weimar 1955.

BEHRENS, Hermann: Die Schnurkeramik – nur ein Problem

der Klassifikation? Jahresschrift für mitteldeutsche Vorgeschichte, S. 9–14, Halle/Saale 1981.

BEHRENS, Hermann / FASSHAUER, Paul / KIRCHNER, Horst: Ein neues innenverziertes Steinkammergrab der Schnurkeramik aus der Dölauer Heide bei Halle/Saale. Jahresschrift für mitteldeutsche Vorgeschichte, S. 13–50, Halle/Saale 1956.

BEHRENS, Hermann / SCHLETTE, Friedrich: Die neolithischen Becherkulturen im Gebiet der DDR und ihre europäischen Beziehungen, Berlin 1969.

BRUCHHAUS, Horst / HOLTFRETER, Jürgen: Der »trepanierte« Schädel eines Schnurkeramikers von Allstedt, Mallerbacher Feld, Kr. Sangershausen. Ausgrabungen und Funde, S. 215–219, Berlin 1984.

BRUCHHAUS, Horst / HOLTFRETER, Jürgen: Zwei trepanierte Schädel aus der Schnurkeramik des Mittelelbe-Saale-Gebietes von Braunsdorf, Kr. Merseburg, und von Laucha-Dorndorf, Kr. Nebra. Ausgrabungen und Funde,. S. 167–171, Berlin 1985.

CLASON, Antje T.: Einige Bemerkungen über Viehzucht, Jagd und Knochenbearbeitung bei der mitteldeutschen Schnurkeramik. Aus: Die neolithischen Becherkulturen im Gebiet der DDR und ihre europäischen Beziehungen, S. 173–195, Berlin 1969.

COBLENZ, Werner: Schnurkeramische Gräber auf dem Schafberg Niederkaina bei Bautzen. Arbeits- und Forschungsberichte zur sächsischen Bodendenkmalpflege, S. 41–106, Dresden 1952

FEUSTEL, Rudolf / BACH, Herbert / GALL, Werner / TEICHERT, Manfred: Beiträge zur Kultur und Anthropologie der mitteldeutschen Schnurkeramiker. Alt-Thüringen, S. 21–170, Weimar 1966.

FISCHER, Ulrich: Mitteldeutschland und die Schnurkeramik. Jahresschrift für mitteldeutsche Vorgeschichte, S. 254–298, Halle/Saale 1958.

FISCHER, Ulrich: Die Dialektik der Becherkulturen. Jahresschrift für mitteldeutsche Vorgeschichte, S. 235–245, Halle/Saale 1976.

GALL, Werner: Schnurkeramische Gräber im Neubaugebiet von Erfurt-Gispersleben. Ausgrabungen und Funde, S. 238–240, Berlin 1974.

GATERMANN, Heinz: Die Becherkulturen in der Rheinprovinz, Würzburg 1943.

GEBERS, Wilhelm: Das Endneolithikum im Mittelrheingebiet. Typologische und chronologische Studien. Saarbrücker Beiträge zur Altertumskunde, Bonn 1984.

GÖTZE, Alfred: Die Gefäßformen und Ornamente der neolithischen schnurverzierten Keramik im Flußgebiet der Saale, Jena 1891.

GRIMM, Hans: Neue schnurkeramische Skelettreste von Schafstädt, Kreis Merseburg. Jahresschrift für mitteldeutsche Vorgeschichte, S. 107–115, Halle/Saale 1964.

HÄUSLER, Alexander: Der Ursprung der Schnurkeramik nach Aussage der Grab- und Bestattungssitten. Jahresschrift für mitteldeutsche Vorgeschichte, S. 9–30, Halle/Saale 1983.

HÄUSLER, Alexander: Protoindoeuropäer, Baltoslawen, Urslawen. Bemerkung zu einigen neuen Hypothesen. Zeitschrift für Archäologie, S. 1–11, Berlin 1988.

HÖCKNER, Hans: Vorläufige Mitteilung über die Ergebnisse der Ausgrabung von schnurkeramischen Hügelgräbern und Siedlungsplätzen im Luckauer Forst, Kr. Altenburg, 1953 bis 1955. Ausgrabungen und Funde, S. 70–72, Berlin 1966.

HOPPE, Frank / WEISS, Birgit: Ein Begräbnisplatz der Schnurkeramik bei Bergrheinfeld, Landkreis Schweinfurt. Unterfranken. Das archäologische Jahr in Bayern 1982, S. 37–38, Stuttgart 1983.

KRAUSE, Rüdiger: Die endneolithischen und frühbronze-zeitlichen Grabfunde der Nordstadtterrasse von Singen am Hohentwiel, Stuttgart 1988.

KREINER, Ludwig: Die erste schnurkeramische Mehrfachbestattung in Südostbayern. Das archäologische Jahr in Bayern 1982, S. 39–41, Stuttgart 1983.

LIPPMANN, Eberhard: Schnurkeramische Bestattung von Erfurt. Ausgrabungen und Funde, S. 223–227, Berlin 1982.

MALMER, Mats P.: Jungneolithische Studien. Acta archaeologica lundensia, Bonn & Lund 1962.

MATTHIAS, Waldemar: Neue Funde und eine Menhirstatue aus der Gemarkung Schafstädt, Kreis Merseburg. Jahresschrift für mitteldeutsche Vorgeschichte, S. 83–105, Halle/Saale 1964.

PESCHEL, Karl: Grabfunde der Schnurkeramik von Jena-Lobeda. Arsgrabungen und Funde. S. 235–239, Berlin 1966.

PFAUTH, Ulrich: Funde der Schnurkeramik von Landersdorf, Gemeinde Thalmässing, Landkreis Roth, Mittelfranken. Archäologisches Jahr in Bayern, S. 50/51, München 1986.

REINECKE, Paul: Zur jüngeren Steinzeit in West- und Süddeutschland. Westdeutsche Zeitschrift für Geschichte und Kunst. S. 209–270, Trier 1900.

SAAL, Walter: Die schnurkeramische Doppelbestattung von Bedra, Ortsteil von Braunsbedra, Kr. Merseburg. Ausgrabungen und Funde, S. 163/164, Berlin 1983.

SANGMEISTER, Edward: Schnurkeramik in Südwestdeutschland. Jahresschrift für mitteldeutsche Vorgeschichte, S. 117–141, Halle/Saale 1981.

SCHMIDT, Berthold / GEISLER, Horst: Ein schnurkeramisches Gräberfeld bei Schraplau-Schafsee, Kr. Querfurt. Jahresschrift für mitteldeutsche Vorgeschichte, S. 188–200, Halle/Saale 1959.

SCHMIDT, Berthold / NITSCHKE, Waldemar: Eine Totenhütte der Schnurkeramischen Kultur bei Bösenburg, Kr. Eisleben. Ausgrabungen und Funde, S. 165–169, Berlin 1978.

SCHRÖTER, Erhard: Schnurkeramische Gräber von der Schalkenburg bei Quenstedt, Kr. Hettstedt. Ausgrabungen und Funde, S. 30–33, Berlin 1968.

SCHULTZ, Walther: Hans Hahne, Direktor der Landesanstalt für Volkheitskunde 1912–1935. Ein Abschnitt der vorgeschichtlichen Erforschung der deutschen Mitte. Jahresschrift der sächsisch-thüringischen Länder, S. 1–15, Halle/Saale 1936.

SCHWIDETZKY, Ilse: Anthropologie der Schnurkeramik- und Streitaxtkulturen. Fundamenta, Reihe A, S. 241–264, Köln 1978.

STAMPFUSS, Rudolf: Die Jungneolithischen Kulturen in Westdeutschland. Rheinische Siedlungsgeschichte II, Bonn 1929.

STORK, Ingo: Schnurkeramische Gräber in Tauberbischofsheim, Main-Tauber-Kreis. Archäologische Ausgrabungen in Baden-Württemberg 1983, S. 65–66, Stuttgart 1984.
WAMSER, Ludwig: Begräbnisplätze der Becherkultur im Main-Tauber-Gebiet und ihr Bezug zur Schnurkeramik. Jahresschrift für mitteldeutsche Vorgeschichte, S. 143–165, Halle/Saale 1981

Autor Ernst Probst,
Foto: Klaus Benz, Fotograf, Mainz-Lauben-

Der Autor

Ernst Probst, geboren am 20. Januar 1946 in Neunburg vorm Wald im bayerischen Regierungsbezirk Oberpfalz, ist Journalist und Wissenschaftsautor. Er arbeitete von 1968 bis 1971 als Redakteur bei den „Nürnberger Nachrichten", von 1971 bis 1973 in der Zentralredaktion des „Ring Nordbayerischer Tageszeitungen" in Bayreuth und von 1973 bis 2001 bei der „Allgemeinen Zeitung", Mainz. In seiner Freizeit schrieb er Artikel für die „Frankfurter Allgemeine Zeitung", „Süddeutsche Zeitung", „Die Welt", „Frankfurter Rundschau", „Neue Zürcher Zeitung", „Tages-Anzeiger", Zürich, „Salzburger Nachrichten", „Die Zeit", „Rheinischer Merkur", „Deutsches Allgemeines Sonntagsblatt", „bild der wissenschaft", „kosmos", „Deutsche Presse-Agentur" (dpa), „Associated Press" (AP) und den „Deutschen Forschungsdienst" (df). Aus seiner Feder stammen die Bücher „Deutschland in der Urzeit" (1986), „Deutschland in der Steinzeit" (1991), „Rekorde der Urzeit" (1992), „Dinosaurier in Deutschland" (1993 zusammen mit Raymund Windolf) und „Deutschland in der Bronzezeit" (1996). Von 2001 bis 2006 betätigte sich Ernst Probst als Buchverleger sowie zeitweise als internationaler Fossilienhändler und Antiquitätenhändler. Insgesamt veröffentlichte er mehr als 300 Bücher, Taschenbücher, Broschüren und über 300 E-Books.

Bücher von Ernst Probst

(Auswahl)

Als Mainz noch nicht am Rhein lag
Annie Oakley. Die Meisterschützin des Wilden Westens
Archaeopteryx. Die Urvögel in Bayern
Christl-Marie Schultes. Die erste Fliegerin in Bayern
(zusammen mit Theo Lederer)
Cortés und Malinche. Der spanische Eroberer
und seine indianische Geliebte
Der Europäische Jaguar
Der Mosbacher Löwe. Die riesige Raubkatze aus Wiesbaden
Der Rhein-Elefant. Das Schreckenstier von Eppelsheim
Der Schwarze Peter. Ein Räuber im Hunsrück und Odenwald
Der Ur-Rhein. Rheinhessen vor zehn Millionen Jahren
Deutschland im Eiszeitalter
Deutschland in der Frühbronzezeit
Deutschland in der Mittelbronzezeit
Deutschland in der Spätbronzezeit
Die Aunjetitzer Kultur in Deutschland
Die Straubinger Kultur in Deutschland
Die Singener Gruppe
Die Arbon-Kultur in Deutschland
Die Ries-Gruppe und die Neckar-Gruppe
Die Adlerberg-Kultur
Der Sögel-Wohlde-Kreis

Die nordische Bronzezeit in Deutschland
Die Hügelgräber-Kultur in Deutschland
Die ältere Bronzezeit in Nordrhein-Westfalen
Die Bronzezeit in der Lüneburger Heide
Die Stader Gruppe
Die Oldenburg-emsländische Gruppe
Die Urnenfelder-Kultur in Deutschland
Die ältere Niederrheinische Grabhügel-Kultur
Die Unstrut-Gruppe
Die Helmsdorfer Gruppe
Die Saalemündungs-Gruppe
Die Lausitzer Kultur in Deutschland
Die Dolchzahnkatze Megantereon
Die Dolchzahnkatze Smilodon
Die Säbelzahnkatze Homotherium
Die Säbelzahnkatze Machairodus
Die Schweiz in der Frühbronzezeit
Die Rhône-Kultur in der Westschweiz
Die Arbon-Kultur in der Schweiz
Die Schweiz in der Mittelbronzezeit
Die Schweiz in der Spätbronzezeit
Dinosaurier von A bis K. Von Abelisaurus bis zu Kritosaurus
Dinosaurier von L bis Z. Von Labocania bis zu Zupaysaurus
Der rätselhafte Spinosaurus. Leben und Werk des Forschers
Ernst Stromer von Reichenbach
Eiszeitliche Geparde in Deutschland
Eiszeitliche Leoparden in Deutschland

Frauen im Weltall
Hildegard von Bingen. Die deutsche Prophetin
Höhlenlöwen. Raubkatzen im Eiszeitalter
Julchen Blasius. Die Räuberbraut des Schinderhannes
Katharina II. die Große. Die Deutsche auf dem Zarenthron
Johann Jakob Kaup. Der große Naturforscher aus Darmstadt
Königinnen der Lüfte
Königinnen der Lüfte in Deutschland
Königinnen der Lüfte in Europa
Königinnen der Lüfte in Frankreich
Königinnen der Lüfte in England und Australien
Königinnen der Lüfte in Amerika
Königinnen der Lüfte von A bis Z
Königinnen des Tanzes
Malende Superfrauen
Meine Worte sind wie die Sterne Die Entstehung der Rede des
Häuptlings Seattle (zusammen mit Sonja Probst, verheiratete
Werner)
Monstern auf der Spur. Wie die Sagen über Drachen, Riesen
und Einhörner entstanden
Neues vom Ur-Rhein. Interview mit dem Geologen und
Paläontologen Dr. Jens Sommer
Österreich in der Frühbronzezeit
Österreich in der Mittelbronzezeit
Österreich in der Spätbronzezeit
Pompadour und Dubarry. Die Mätressen von Louis XV.
Raub-Dinosaurier von A bis Z. Mit Zeichnungen von

Dmitry Bogdanav und Nobu Tamura
Rekorde der Urmenschen. Erfindungen, Kunst und Religion
Rekorde der Urzeit. Landschaften, Pflanzen und Tiere
Säbelzahnkatzen. Von Machairodus bis zu Smilodon
Säbelzahntiger am Ur-Rhein. Machairodus und
Paramachairodus
Superfrauen aus dem Wilden Westen
Superfrauen 1 – Geschichte
Superfrauen 2 – Religion
Superfrauen 3 – Politik
Superfrauen 4 – Wirtschaft und Verkehr
Superfrauen 5 – Wissenschaft
Superfrauen 6 – Medizin
Superfrauen 7 – Film und Theater
Superfrauen 8 – Literatur
Superfrauen 9 – Malerei und Fotografie
Superfrauen 10 – Musik und Tanz
Superfrauen 11 – Feminismus und Familie
Superfrauen 12 – Sport
Superfrauen 13 – Mode und Kosmetik
Superfrauen 14 – Medien und Astrologie
Tony und Bruno Werntgen. Zwei Leben für die Luftfahrt
(zusammen mit Paul Wirtz)
Was ist ein Menhir? Interview mit dem Mainzer Archäologen
Dr. Detert Zylmann
Wer ist der kleinste Dinosaurier? Interviews mit dem
Wissenschaftsautor Ernst Probst

Wer war der Stammvater der Insekten? Interview mit dem
Stuttgarter Biologen und Paläontologen Dr. Günther Bechly

Zenobia von Palmyra.
Eine Frau kämpft gegen die Römer

Bestellungen bei: www.grin.com